essentials

essentials liefern aktuelles Wissen in konzentrierter Form. Die Essenz dessen, worauf es als „State-of-the-Art" in der gegenwärtigen Fachdiskussion oder in der Praxis ankommt. *essentials* informieren schnell, unkompliziert und verständlich

- als Einführung in ein aktuelles Thema aus Ihrem Fachgebiet
- als Einstieg in ein für Sie noch unbekanntes Themenfeld
- als Einblick, um zum Thema mitreden zu können

Die Bücher in elektronischer und gedruckter Form bringen das Expertenwissen von Springer-Fachautoren kompakt zur Darstellung. Sie sind besonders für die Nutzung als eBook auf Tablet-PCs, eBook-Readern und Smartphones geeignet. *essentials:* Wissensbausteine aus den Wirtschafts-, Sozial- und Geisteswissenschaften, aus Technik und Naturwissenschaften sowie aus Medizin, Psychologie und Gesundheitsberufen. Von renommierten Autoren aller Springer-Verlagsmarken.

Weitere Bände in dieser Reihe http://www.springer.com/series/13088

Marcus Hellwig

Der dritte Parameter und die asymmetrische Varianz

Philosophie und mathematisches Konstrukt der Equibalancedistribution

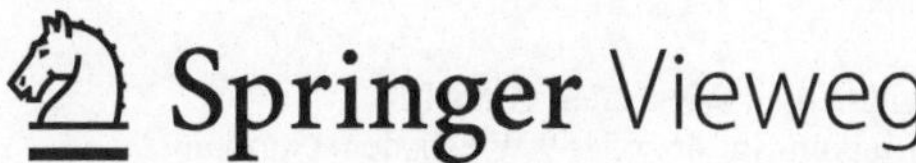

Marcus Hellwig
Frankfurt am Main
Deutschland

ISSN 2197-6708 ISSN 2197-6716 (electronic)
essentials
ISBN 978-3-658-18027-0 ISBN 978-3-658-18028-7 (eBook)
DOI 10.1007/978-3-658-18028-7

Die Deutsche Nationalbibliothek verzeichnet diese Publikation in der Deutschen Nationalbibliografie; detaillierte bibliografische Daten sind im Internet über http://dnb.d-nb.de abrufbar.

Springer Vieweg

Gedruckt auf säurefreiem und chlorfrei gebleichtem Papier

Springer Vieweg ist Teil von Springer Nature
Die eingetragene Gesellschaft ist Springer Fachmedien Wiesbaden GmbH
Die Anschrift der Gesellschaft ist: Abraham-Lincoln-Str. 46, 65189 Wiesbaden, Germany

Was Sie in diesem *essential* finden können

Die Betrachtung der Symmetrie in bildhaften Erscheinungen aus Geschichte und der Gegenwart des Alltags

- Der Einfluss der Macht der Symmetrie auf Prozessbetrachtungen
- Die Erkenntnis, dass kein beobachteter Prozess vollständig symmetrische Eigenschaften aufweist
- Die Verbindung der Wahrscheinlichkeitstheorie mit den stochastischen Eigenschaften von Prozessen
- Eine Einführung in die Gauss`sche Normalverteilung und deren Grenzen der Anwendbarkeit
- Die Einführung in die asymmetrische Betrachtung von Prozessen
- Die Hinführung zur Asymmetrie und zur Equibalancedistribution
- Der mathematisch-stochastische Nachweis zur Wahrscheinlichkeitsdichte durch den dritten Parameter, die Neigung der Varianz.
- Die Anwendungen der Equibalancedistribution in verschiedenen Fachgebieten, insbesondere auch zum Taguchi-Qualitätsverständnis

Vorwort

Dieses Essential ist die Fortsetzung des vorangegangenen mit dem Titel „Equibalancedistribution“ und der Veröffentlichung des Fachbuches „Leit- und Sicherungstechnik mit drahtloser Datenübertragung“.

Die Erkenntnisse aus dem theoretischen Ansatz „Der dritte Parameter, die Neigung der Varianz“sollen in diesem weiteren Essential erweitert und vertieft werden.

Da in jenen Schriften der mathematisch- stochastische Hintergrund nicht erfasst ist, wird in dieser der Nachweis erbracht, dass die die Equibalancedistribution Eqb – soll sie einer Wahrscheinlichkeitsdichtefunktion entsprechen – die Summendichte 1 beherbergt.

Die fachliche Ausführung des mathematischen Teils dafür obliegt Hr. Dr. Andrej Depperschmidt, Abteilung für Mathematische Stochastik, Albert-Ludwigs-Universität Freiburg, dem ich hiermit für diesen Beitrag zutiefst danke. Auch Herrn Svetlozar (Zari) Rachev, Professor of Finance, Director of Center for Finance at Stony Brook University, 312 Harriman Hall, College of Business, danke ich hiermit für zahlreiche Hinweise auf Fachliteratur zum Thema und Zuspruch zur Fertigstellung dieses Essentials.

Da zu erwarten ist, dass es einen Einfluss der Erkenntnisse auf weitere Fachgebiete geben wird, seien in weiteren Kapiteln Anregungen gegeben, in welcher Art und Weise die Auswirkungen sein könnten.

Die Ausführungen dafür werden graphisch untermauert, und es wird darauf hingewiesen, dass, bedingt durch die Kürze der Ausführungen in einem Essential, jedes Fachgebiet für sich tiefere Betrachtungen bezügliche einer Verwendung der Eqb durchführen möge.

Da in einem Essential der Umfang der Stochastik und der Wahrscheinlichkeitstheorie nicht vollumfänglich beschrieben werden kann, ist der Leser aufgefordert, sich den fachlichen Hintergrund selbständig zu erarbeiten.

Frankfurt am Main
Deutschland

Marcus Hellwig für Leon und
Julien Hellwig

Inhaltsverzeichnis

1 Zusammenfassung

Symmetrie, der Begriff für Gleichmaß, ist eng verbunden mit persönlichen Empfindungen wie Schönheit, Schlichtheit – Einfachheit. Nichts alles aber – nur weil vermutet wird, es sei einfach – ist tatsächlich einfach. Daher wird die Vorstellung angezweifelt, Symmetrie lasse sich auf alles und jegliches übertragen.

Dazu gehört die Erkenntnis, dass die Natur der Dinge – wenn auch nicht immer offensichtlich - im Kern eher asymmetrisch erscheint.

Manche Schriften verweisen auf die Macht der symmetrischen Form, und oft führt daher übermächtiger Einfluss der Symmetrie zu Fehlern, wenn Eigenschaften wie Schönheit, Schlichtheit, Einfachheit bei systematischen Analysen zu Lasten messbarer Eigenschaften in den Vordergrund gestellt werden.

Leicht ist man dazu geneigt einfache Formgebungen und Bilder, die der Natur einfacher geometrischer Formen entspringt, zu übertragen auf die bildhaften Darstellungen mathematischer Aussagen, wie zum Beispiel die Formgebung der Gauss'schen Glockenkurve auf die Form einer Glocke (s. Abb. 1.1).

Symmetrische Bilder lassen sich nicht immer auf naturwissenschaftliche Ereignisse projizieren.

Abb. 1.1 Gauss'sche Glockenkurve. (Autor + https://pixabay.com/de/glocke-kirche-l%C3%A4uten-klang-1015456/)

M. Hellwig, *Der dritte Parameter und die asymmetrische Varianz*, essentials, DOI 10.1007/978-3-658-18028-7_1

Zu diesen Fällen zählen Prozesse, deren Eigenschaften beobachtet und analysiert werden. Aus den Ergebnissen der Analysen soll auf das Folge- und Zukunftsverhalten geschlossen werden.

Da Prozesse auch nach deren Symmetrieeigenschaften analysiert werden, und diese wiederum Teil gesamthafter Betrachtung auf Basis der Wahrscheinlichkeitstheorie/Stochastik sind, soll der Schwerpunkt der folgenden Arbeit auch im Fachgebiet Wahrscheinlichkeitstheorie/Stochastik abgehandelt werden. Daher werden in den Kapiteln immer wieder Fachbegriffe und Formeln aus diesem Fachgebiet aufgeführt. Sie dienen letztendlich der Hinführung zum Inhalt der Schrift:

„Der dritte Parameter", die Neigung der Varianz.

Vor dem Einstieg in den mathematischen Teil dieser Abhandlung, wird eine kurze Überleitung von offensichtlich symmetrischen Objekten zu den asymmetrischen dargestellt.

Sie soll darstellen, welche Beeinflussungen aus der bildhaften, geistigen Vorstellung aus der Vergangenheit zu Gleichmaß/Symmetrie und Ungleichmaß/Asymmetrie bis heute auf eine Betrachtung einwirken, die dazu führen können, dass vermeintliche Symmetrie der möglicherweise tatsächlichen Asymmetrie vorangestellt wird.

Grenzen symmetrischer Varianz

2

Symmetrische Erscheinungsformen, wie sie sich in nahezu allen Fachgebieten offenbaren beeinflussen die objektive Erfassung von Sachlagen dahingehend, dass sie oft als Urteilsgrundlage herangezogen werden. Auch die Prozesswelt bedient sich gerne einfacher, einprägsamer grafischer Darstellungen. Die von Gauß entwickelte symmetrische Normalverteilungsdichte ist ein gutes Beispiel dafür. Andererseits gibt es zahlreiche asymmetrische Prozesslagen für die dann speziell angepasste Dichtefunktionen entwickelt wurden.

Die neu entwickelte Equibalancedistribution Eqb soll dadurch Abhilfe schaffen, dass sie über einen Schiefeparameter möglichst viele der speziell angepassten Dichtefunktionen ersetzt.

Für das qualitätswirksame Überwachungs- und Maßnahmenmanagement stellt sich die neu entwickelte Formel einer rechts- oder linksschiefen Verteilung, die „Equibalancedistribution Eqb" für die Analyse von Messwerten als richtungsweisend dar. Die bislang zur Beschreibung herangezogene symmetrische Normalverteilung ist in der Eqb weiterhin als vereinfachter Sonderfall enthalten.

Es ist jedoch so, dass es durch die gegenseitige Beeinflussung der Parameter auf die Werte, welche die Eqb liefert nicht möglich sein wird, mit einer üblichen Statistik einzelne Parameter zu schätzen, weil sie alle schon im Erwartungswert vorkommen.

2.1 bildende Kunst

Es ist der vitruvianische Mensch von Leonardo da Vinci, der die Symmetrie des menschlichen Körpers darstellt (s. Abb. 2.1). Dabei bildet der Nabel des Abgebildeten das Zentrum des dargestellten Radius – eine radialsymmetrische Darstellung eines idealisierten, menschlichen Körpers.

M. Hellwig, *Der dritte Parameter und die asymmetrische Varianz*,
essentials, DOI 10.1007/978-3-658-18028-7_2

2.2 Baukunst

Gerne wird der Baukunst Bewunderung gezollt, wenn ihre Erscheinung in sichtbarem Gleichgewicht steht, also sobald ihre Proportionen harmonisch erscheinen. Sichtbar ist dieses insbesondere bei größeren Gebäuden der Antike und dem Klassizismus. Symmetrie bedeutet Gleichmaß, das heißt, dass möglichst viele

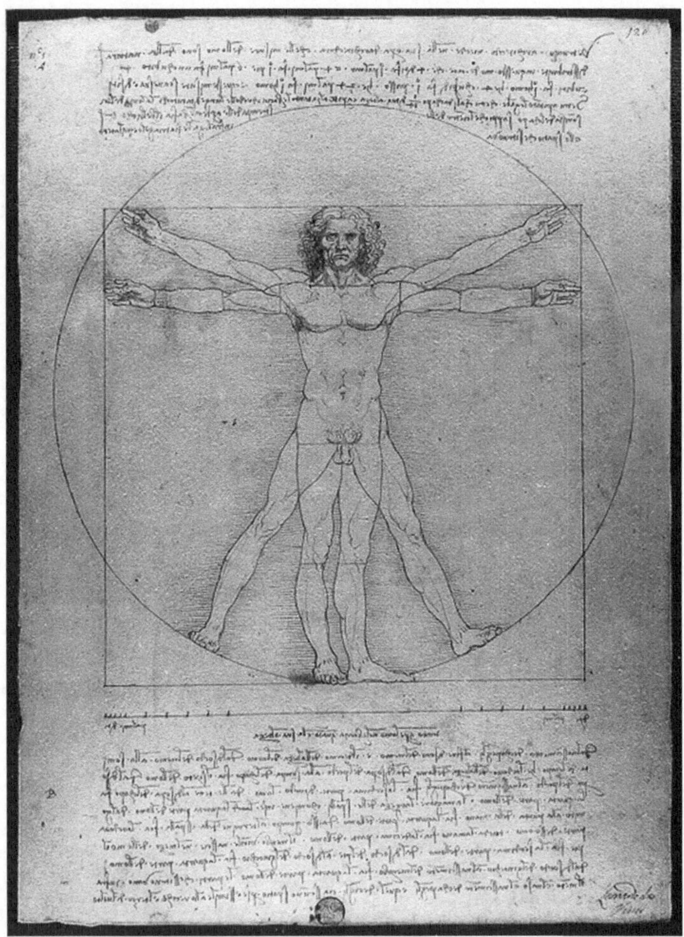

Abb. 2.1 Leonardo da Vinci, vitruvianischer Mensch. (Urheberrechthttps: https://pixabay.com/de/mensch-leonardo-da-vinci-62966/)

Abb. 2.2 Symmetrie der Frauenkirche, Spiegelung des rechten Ausschnitts einer Ansicht. (Urheberrecht https://pixabay.com/de/dresden-frauenkirche-deutschland-1216576/)

Maße, die links und rechts einer gedachten oder konstruierten Achse sind, den gleichen Abstand zu dieser haben. Man spricht dann von der Achsensymmetrie oder dem Spiegelbild. Durchaus können mehrere Achsen für ein architektonisches Konzept notwendig sein, das Prinzip der Spiegelung (s. Abb. 2.2) bleibt aber in jedem Fall erhalten.

Asymmetrie findet der Betrachter in dieser Anschauung nur selten – wenn überhaupt, in der Aufteilung von Räumen und an der Gestaltung von deren Wänden. Symmetrie eröffnet die Möglichkeit der Wiederholung von Herstellungsprozessen, da symmetrische Bauteile unter gleichen Bedingungen günstig, wirtschaftlich hergestellt werden können.

2.3 Technisch-dynamische Systeme

In technischen Systemen begegnet man der Symmetrie auf Schritt und Tritt und man denke dabei an die Fahrzeugtechnik, an Schiffe, Pkw und Lkw, Flugzeuge, Lokomotiven und Züge. Selbst in der Antriebstechnik, Motorenbau ist sehr oft die Symmetrie ein wichtiges konstruktives Konzept. Oft ist die äußere Erscheinungsform ausschlaggebend für die Formgebung, aber auch Gleichgewichts- bedingungen und dynamische Bedingungen sprechen für symmetrische Konstruktionen.

Abb. 2.3 Symmetrie im Automobilbau

Asymmetrie finden wir häufig bei der Konstruktion der Innentechnik, wenn es um Versorgungsbereiche und deren Hin- und Rückversorgung mit Stoffen geht. Man denke an das Erscheinungsbild, das sich offenbart, wenn man die Motorhaube des Autos öffnet (s Abb. 2.3).

2.4 biologische Systeme

Oft wird Symmetrie als Argument für Attraktivität genutzt. Das äußere Erscheinungsbild eines jeglichen Lebewesens ist symmetrisch. Menschen empfinden Menschen mit symmetrischen Gesichtszügen als schön, attraktiv, also anziehend – sofern Symmetrie des Gesichtes den Gesetzen des Goldenen Schnittes unterliegen (s. Abb. 2.4).

Schon aber unter der Oberfläche sieht es anders aus, das spiegelbildliche Prinzip ist aufgehoben. Wirbellebewesen haben zwar für einige innere Organe eine Doppelung mit nahezu symmetrischer Anordnung, aber nur ein Herz, einen Darm. Einzelne Organe können nicht symmetrisch ausgeprägt sein, wenn dieses ihre Funktion nicht erlaubt.

2.5 physikalische Systeme

Betrachten wir unseren Planeten und alle weiteren Himmelskörper. Viele sind symmetrisch aufgebaut, haben Kugelgestalt. Das heißt, dass alle Gleichmaße von einem einzigen im Zentrum des Körpers ausgehenden Punkt als gleichlang gemessen werden können. Eine Kugel ist daher punktsymmetrisch aufgebaut, was die grobe Erscheinung betrifft, tatsächlich ist die Kugel allerdings achsenrotationssymmetrisch, weil sie sich um eine eigene Achse drehen kann. Doch nicht ein einziger der beobachteten Körper ist vollumfänglich symmetrisch.

Abb. 2.4 Asymmetrie des Gesichts des Autors, Spiegelung unter Beibehalt der Proportionen,

2.6 Mathematik

Doch auch dort, wo man vermutet, dass das äußere Erscheinungsbild keinen Einfluss haben sollte – in der rationalen Denkweise der Mathematik – gibt man der Symmetrie gerne den Vorrang nach dem Motto „das Auge isst mit".

Die Gleichungen $a*b = b*a$, oder $b*a = a*b$ empfinden wir als „schön" weil sie ein symmetrisches Bild abgeben.

Hinzu kommt die Wahrheit der Aussage hinzu, dass die linke Seite der Gleichung mit der rechten übereinstimmt. Doch sobald die Gleichung die einfache Form $a \neq b$ annimmt, muss das Gleichmaß in Frage gestellt werden, die Symmetrie weicht der Asymmetrie zugunsten eines möglichen Ungleichmaßes zwischen dem Maß a und dem Maß b.

2.7 Statistik/Stochastik - Probabilistik

Dieses Fach kennt verschiedene bildhafte Erscheinungen. Diejenige, welche am einprägsamsten wirkt, ist die symmetrische Normalverteilung bei der Symmetrie sich dadurch offenbart, dass sich eine theoretische Streuung von Werten um einen hypothetischen Erwartungswert verteilt. In der bekannten Gauss'schen Glockenkurve mit den Parametern μ für den Erwartungswert und σ der Streuung (s. Abb. 2.5) nimmt sie für die Werte $\mu = 0$ und $\sigma = 1$ die Form der Standardnormalverteilung an. Sie hat eine überzeugend einfache, spiegelbildliche Form und

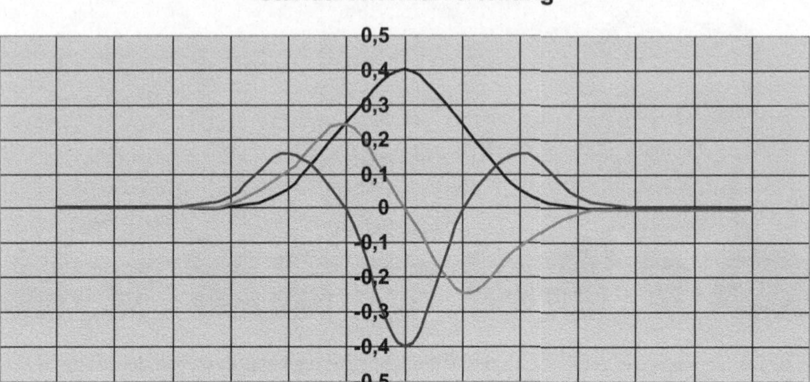

Abb. 2.5 Standardnormalverteilung, 1. und 2. Ableitung

wird oft zur Beurteilung von Prozesseigenschaften herangezogen. Das macht ihre Beliebtheit für sehr viele Wissenschaftsanwendungen aus.

Die Standardnormalverteilung wird beschrieben durch die Formel/Funktion, für die gilt $\sigma = 1$, $\mu = 0$:

$$f_{(x)} = \frac{1}{\sigma\sqrt{2\pi}} e - \frac{1}{2}\left(\frac{x-\mu}{\sigma}\right)^2 \quad (2.1)$$

2.8 Grundsatz

Asymmetrie beherrscht die Natur und deren Gesetze.

Nichts, das zu beobachten und zu messen ist, erscheint mit vollständig symmetrischen Eigenschaften.

Aus statistischer Sicht formuliert: Erhebungen aus Messdaten oder Zählungen zu Eigenschaften von Prozessen jedweder Art sind nicht symmetrisch um einen arithmetischen Mittelwert verteilt. Die diesbezügliche links- als auch rechts davon auftretende Streuung ist unterschiedlich und damit um den Mittelwert asymmetrisch verteilt.

2.9 Die Macht der Symmetrie

Die Macht der Symmetrie ist gegenwärtig. Sie beeinflusst selbst unser Verhalten. Wir sind immer geneigt, der Symmetrie den Vorrang zu lassen. Sie beeinflusst unser Denken und Handeln zutiefst. Gerne lassen wir uns durch das Idealbild der Symmetrie – der Waage – dazu verleiten, die Sichtweise auf die Gegenstände zunächst auf ihre Symmetrieeigenschaften zu untersuchen (s. Abb. 2.6).

Dabei können selbst kleine Abweichungen von einem Gleichgewichtszustand (s. Abb. 3.5) zu eklatanten Folgen führen, besonders dann, wenn es um Bewegtes, Dynamisches geht (>Exponentielle Instabilität). Man denke dabei an die Entscheidung, die bewegungsmäßig getroffen werden muss, wenn man die Fahrradpedale tritt.

An einem oberen Punkt, dem Totpunkt, angekommen entscheiden kleine Abweichungen, ob der nächste Tritt nach hinten oder nach vorne geschieht. Unterstützung erhält der Fahrradfahrer durch das gegenüberliegende Pedal, welches den Entscheidungsprozess in die richtige Richtung – einen asymmetrischen Tritt – treibt.

Es ist ein polarisierendes Prinzip, welches für das Eine oder das Andere zwingt das (Binomialprinzip, -koeffizient), es bietet keine weiteren Entscheidungsmöglichkeiten, es bietet keine Zwischenzustände, es ist zweiwertig wie es die Wahrscheinlichkeitsfunktion für eine Binomialverteilung vorschreibt (s. Abb. 2.7).

$$B_{(k|p,n)} = \binom{n}{k} p^k (1-p)^{n-k} \tag{2.2}$$

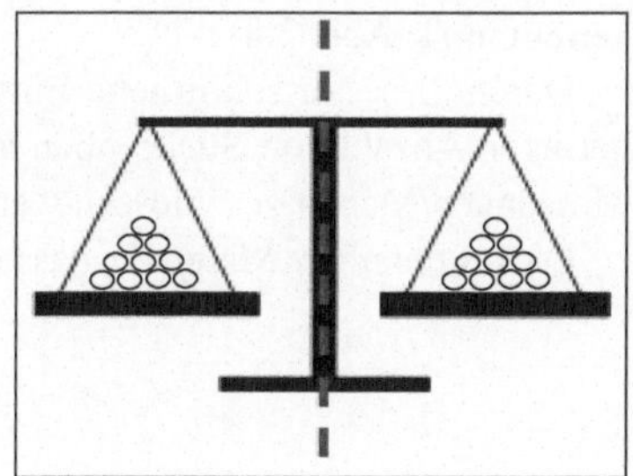

Abb. 2.6 Waage im Gleichgewichtszustand mit symmetrischer Streuung

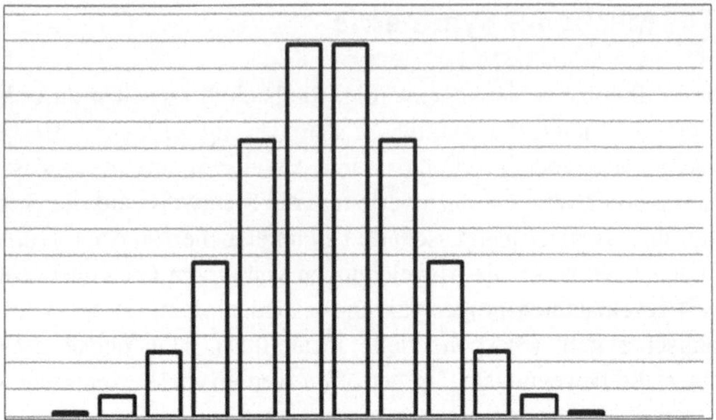

Abb. 2.7 symmetrische Binomialverteilung

2.10 in stochastischen Systemen (parabolische Verteilungsformen)

Die Erarbeitung der Normalverteilung durch Carl-Friedrich Gauß gab der Wahrscheinlichkeitsrechnung wichtige Impulse, mit denen die Wissenschaften in der Zeit des 18. Und 19. Jahrhunderts arbeiteten. Das Maß der Wahrscheinlichkeit für das Eintreffen eines Ereignisses wurde hiermit berechenbar.

Mit der Zeit wurden die wissenschaftlichen Bereiche differenzierter, entsprechend änderten sich die Beobachtungen und es stellte sich heraus, dass nicht alle gesammelten Messdaten der Normalverteilung weitest gehend folgen. Daher wurden stochastische asymmetrische Formeln entwickelt, die den neuen Anforderungen gerechter wurden (z. B. > Pareto-, Levi-, Frechet, Gumbel – Weibullverteilung, s. Abb. 2.8).

Durch diese fortschrittliche Entwicklung konnte man aus der Entnahme einer geringen Anzahl von Stichproben auf die Eigenschaften einer Gesamtmenge von Messungen/Maßen geschlossen werden.

Dieses unter der Maßgabe, dass der zentrale Grenzwertsatz erhalten bleibt.

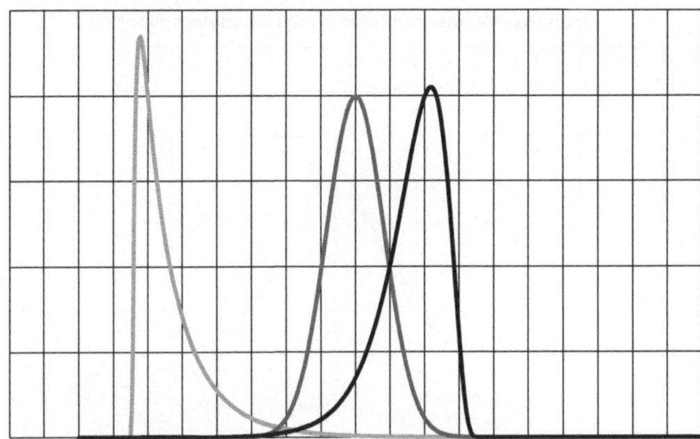

Abb. 2.8 Verteilungsformen

2.11 in stochastischen Systemen (hyperbolische Verteilungsformen)

Nicht alle Verteilungsformen verlieren an Gültigkeit, wenn die Mengenbildung für Messungen aus Beobachtungsgebieten wie z. B. aus der Finanzwelt stammen. Die Normalverteilung ist dort, wie die nahe Vergangenheit zeigte (> Börsencrash, „wilder Zufall") allerdings nicht verwendbar. Risiken werden unterschätzt, wenn die angewendete Stochastik versagt (s. Abb. 2.9).

Praktiker stehen oft vor der „Qual der Wahl", wenn es darum geht, eine probate Verteilungsform für den Gegenstand der Untersuchung zu finden. Oft zeigen sich Messdaten in normalverteilter, möglicherweise in leicht links- oder rechtsschiefer Gestalt. Finanzdaten aus Aktienkursen zeigen oft sehr steile Anstiege und sehr weitläufige Enden, die mit denen aus anderen Wissenschaften nichts Gemeinsames zu scheinen haben. Oft haben diese aber dafür deutliche symmetrische Formen.

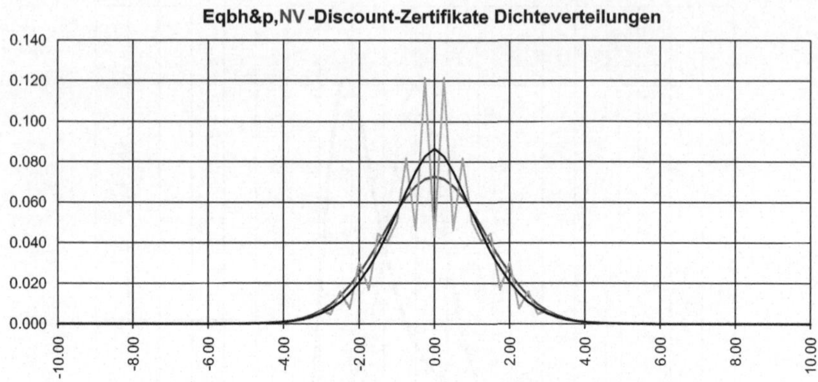

Abb. 2.9 Discount-Zertifikate

Auswege aus der Symmetrie, Vereinigung mit der Asymmetrie

3

Die Entwicklung der Normalverteilung wurde zu Lebenszeit des Verfassers Gauß entwickelt. Eine weitere Differenzierung hinsichtlich der Schiefen hätte den Rechen- und Überprüfungsaufwand auf Plausibilität (Prüfung, dass die Summe der Dichteverteilung gegen 1 konvergiert), um ein Vielfaches der Zeit verlängert. Daher haben sich zu unterschiedlichen Zeiten unterschiedliche Verfasser mit den Problemen der schiefen Verteilungen auseinander gesetzt.

3.1 Parabolische Verteilung

Oft sind Prüfungen notwendig, die sicherstellen sollen, dass eine empirische Erhebung von Messwerten hinreichend genau mit der theoretischen übereinstimmt, denn man will wissen, wie sich ein Ereignisverlauf in der Zukunft verhält.

Ein Hypothesentest nach Kolmogorow - Smirnov soll beweisen, dass eine Population einer Normalverteilung folgt. Das hängt damit zusammen, dass dem Augenschein nach - dabei dieses wörtlich zu nehmen - Ereignisdaten sich nicht symmetrisch um einen Mittelwert verteilen, sondern unsymmetrisch. Das wird offensichtlich durch links- oder rechtschiefe Formgebung der Verteilung.

3.2 Rechts- und linksschiefe Dichteverteilungen

Dabei geht es dann natürlich auch darum, diejenigen Ereignisse zu detektieren, die jenseits der Grenzwerte beobachtet werden.

M. Hellwig, *Der dritte Parameter und die asymmetrische Varianz*, essentials, DOI 10.1007/978-3-658-18028-7_3

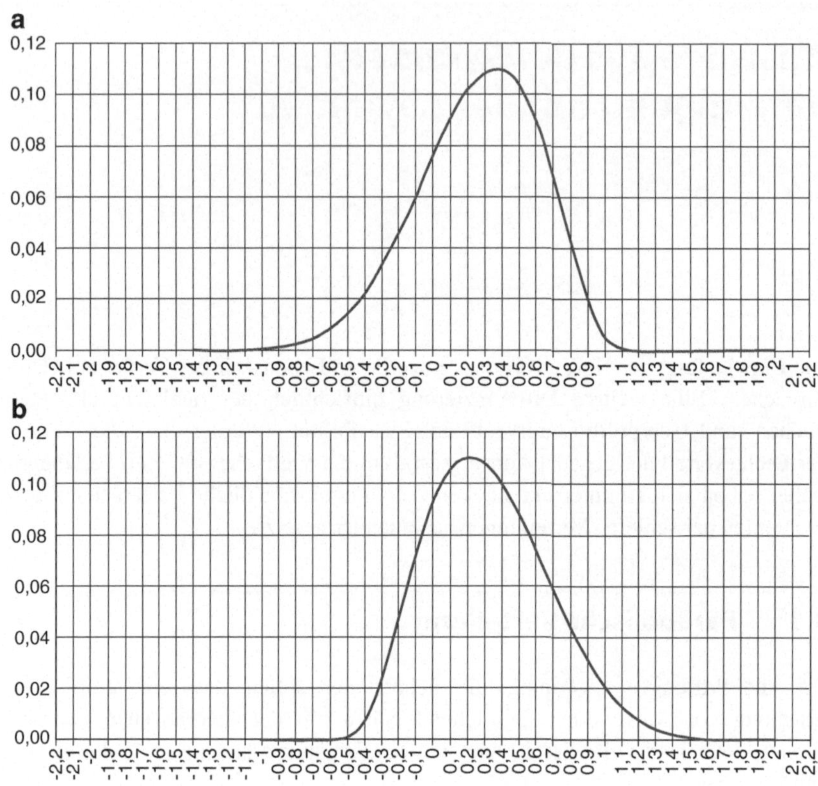

Abb. 3.1 **a** Schiefe Verteilung rechtssteil **b** Schiefe Verteilung linkssteil

Doch wo sind nun die Grenzwerte festzulegen, wenn Verteilungen nicht symmetrisch sind, oder fataler noch, die Schieflagen von Stichprobe zu Stichprobe von links um den Mittelwert auf die rechte Seite wandern (s. Abb. 3.1a u. b)?

Die meisten Prozesse unterliegen Beeinflussungen, die verhindern, dass eine konstante Streuung der Ereignisse beobachtet werden kann. Insofern darf die Normalverteilung überhaupt nicht zur Anwendung kommen. Auch andere Wissenschaftsbereiche hadern mit den bestehenden statistischen Analysewerkzeugen. So berichtet Julia Prahm in ihrer Diplomarbeit „Eine Anwendung über Peak over Threshold“ (1) über die Untersuchung, dass sich sinngemäß, eine kombinierte Paretoverteilung besser zur Anpassung der Werte eignet, als die Gauss’sche

Normalverteilung. Abhilfe schaffen können Betrachtungsweisen, wie sie von Mathematikern entwickelt wurden, die konkreten Anlass darin sahen, die Normalverteilung zu ergänzen oder zu ersetzen. Auch der Autor sah sich veranlasst, verschiedene Tests durchzuführen, welche die eine oder andere Wahrscheinlichkeitsdichtefunktion in Betracht ziehen könnte. Der Untersuchungsgegenstand sind Messwerte aus Übertragungsprozessen der Telekommunikation, die notwendig sind, um frühzeitig auf Versagen reagieren zu können. Dass hieraus eine neue Verteilungsdichtefunktion entstünde, war nicht vorauszusehen. Ausschlaggebend für den Ersatz der Normalverteilung durch eine andere Wahrscheinlichkeitsdichtefunktion ist das Erscheinen so genannter „dicker Schwänze", einer „heavy tail" Verteilung (s. Abb. 3.2), wie sie sich dann offenbart, wenn Ereignisserien dazu tendieren Messwerte zu liefern, welche die zulässige Anzahl vom Soll überschreiten.

Die Antwort darauf liegt in der Entwicklung eines Gedankenexperiments des Autors

- entspricht die symmetrische Streuung der Verteilung von Kugeln auf einem symmetrischen Galton-Brett (s. Abb. 3.3), …
- … so entspricht die geneigte Streuung, dem Prinzip eines geneigten Galton-Bretts (s. Abb. 3.4).

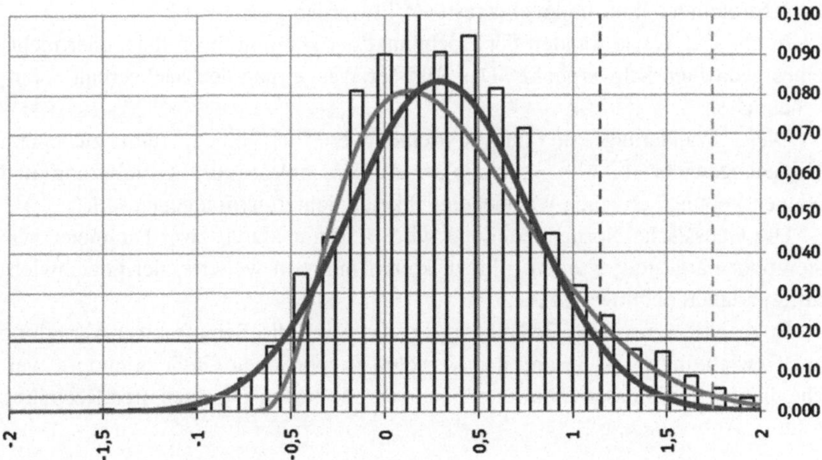

Abb. 3.2 Normalverteilung, Schiefe Verteilungen, Heavy Tail Verteilungen

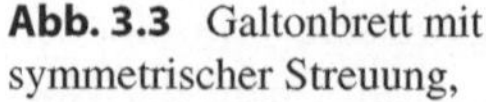

Abb. 3.3 Galtonbrett mit symmetrischer Streuung,

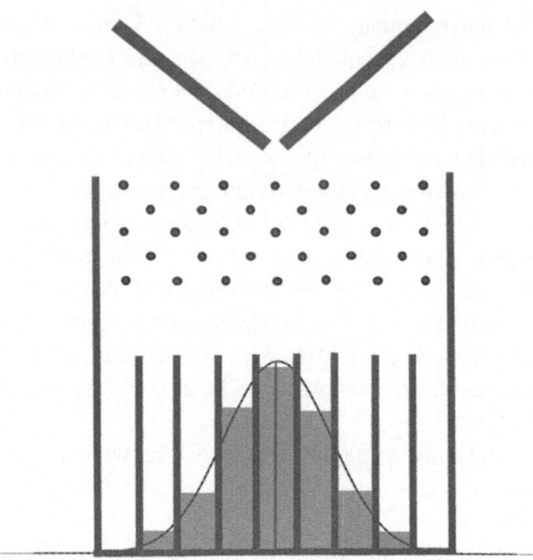

Analog dazu betrachtet: Das Maximum einer jeglichen, symmetrischen Ausprägung einer Funktion liegt bei einem Erwartungswert, der in großer Näherung dem Mittelwert einer Häufigkeitsverteilung entsprechen soll, so auch bei der Gauss'schen Normalverteilung. Eine Schiefe wird erkenntlich, wenn unterschiedliche Streuungen links und rechts festgestellt werden.

In gleicher Weise wandert der Hochpunkt der Häufung nach links oder rechts eines gedachten Schwerpunkts. Das Bild der Waage mag den Sachverhalt veranschaulichen.

Diese Wanderung, sie kann extreme Werte annehmen, führt zu einem Ungleichgewicht (s. Abb. 3.5a u. b), dass den Anlass zur Formulierung und Namensgebung der neuen Wahrscheinlichkeits-dichtefunktion geben soll.

Die Gauss'sche Normalverteilung wird bestimmt durch zwei Parameter, wie sie zuvor dargestellt wurden – hinzu kommt nun ein weiterer, der Gleichwichtungsparameter equiweight ρ.

Er resultiert aus dem Gedankengang, dass sich die Schiefe einer Verteilung am Gewichtungspunkt G und den Verhältnisproportionen Gl/Gr orientiert, welche die den Ereignissen innewohnenden veränderlichen Eigenschaften Rechnung trägt (s. Abb. 3.6a u. b).

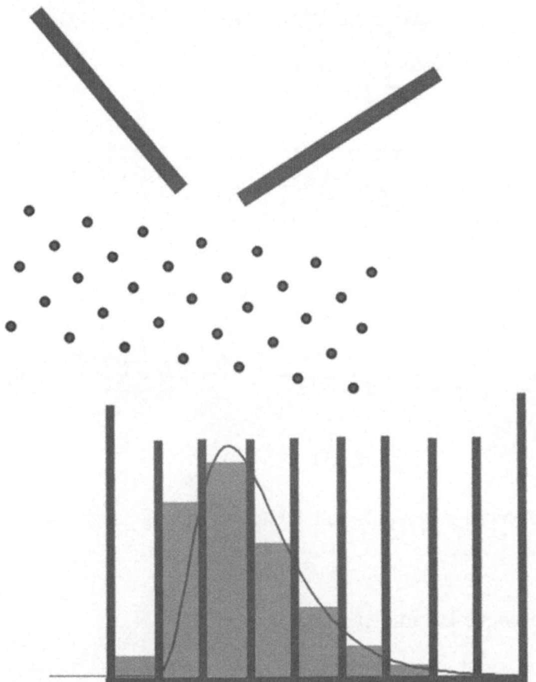

Abb. 3.4 Galtonbrett mit asymmetrischer Streuung,

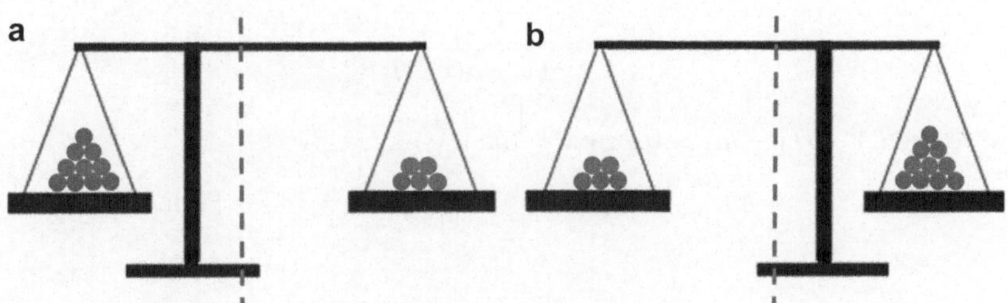

Abb. 3.5 **a** Waagen im Gleichgewichtszustand, **b** jedoch mit asymmetrischer Streuung

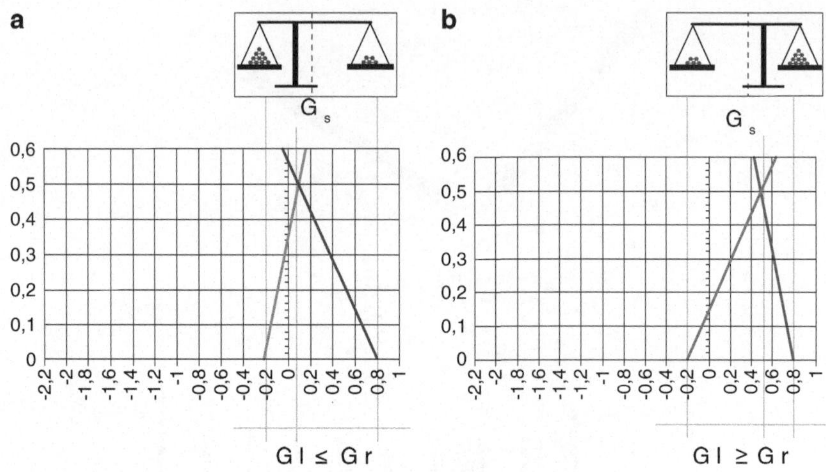

Abb. 3.6 **a** Gleichwichtung ρ linkssteil, **b** Gleichwichtung ρ rechtssteil,

Dieser zusätzliche Parameter ρ bzw. r

$$r{:} = (1 - (\rho\%(x - \mu)))$$

Formel: 3.1

erschließt der Wissenschaft die neue Wahrscheinlichkeitsdichtefunktion,

$$Eqb_{(x;\mu,\sigma,\rho)} = \frac{1}{\sqrt{2\pi s^2(1 - \rho(x - \mu))}} e^{-\frac{(x-\mu)^2}{2\sigma^2(1-\rho(x-\mu))}};$$

$$esgilt 1 - r(x - m) > 0, bzw. x < (m + \frac{1}{r})$$

Formel: 3.2.

4 Vorstellung der Equibalancedistribution, Eqb

Ihre Warscheinlichkeitsdichte bleibt in „Schieflagen“ bei 1 und schließt die Normalverteilung in symmetrischem Fall ein (s. Abb. 4.1).

Sie erschließt aber auch extreme Schieflagen mit einer bleibenden Wahscheinlichkeitsdichte 1 (s. Abb. 4.2).

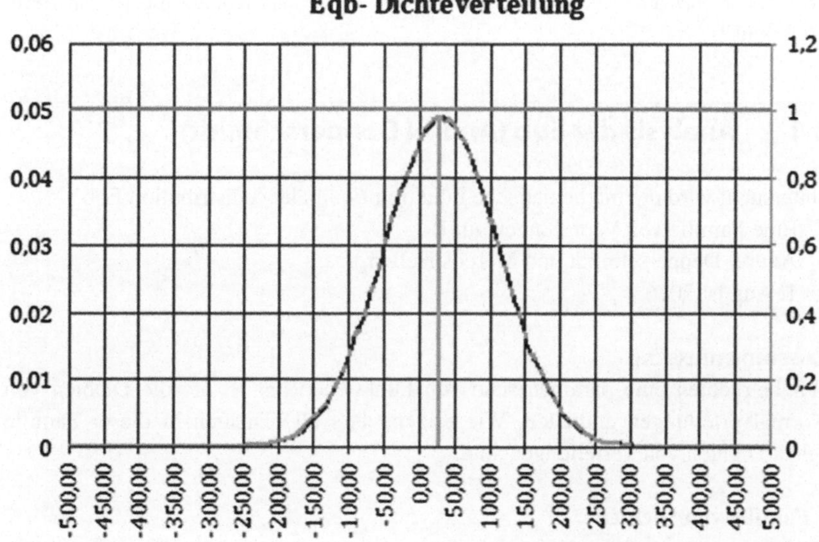

Abb. 4.1 r blau, Eqb Dichteverteilung schwarz, Normalverteilung rot. (Urheberrecht beim Autor)

M. Hellwig, *Der dritte Parameter und die asymmetrische Varianz*,
essentials, DOI 10.1007/978-3-658-18028-7_4

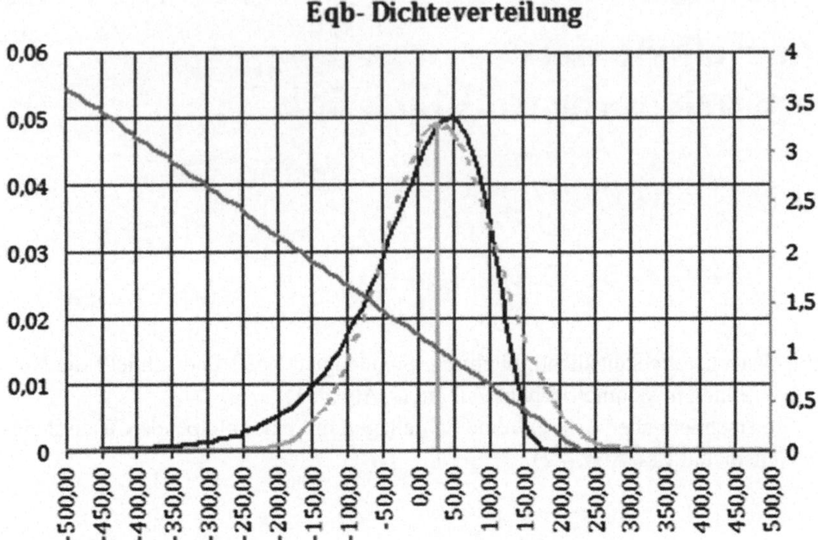

Abb. 4.2 r blau, Eqb Dichteverteilungen schwarz, Normalverteilung rot. (Urheberrecht beim Autor)

4.1 Analysis der Eqb (Andrej Depperschmidt)

Untersucht wird die mathematische Funktion Equibalancedistribution Eqb:

Eine Familie von Verteilungen auf R

Andrej Depperschmidt und Marcus Hellwig

1. August 2016

Zusammenfassung

Wir betrachten eine parametrische von Funktionen auf R, die die Dichten von Normalverteilungen enthalten. Wir zeigen, dass alle Dichten in dieser Familie selbst Dichten von Verteilungen sind.

1 Familie von Dichten

Für r ∈ R und $\sigma^2 > 0$ betrachten wir die Funktionen $f(\rho;\ \mu, \sigma^2) : \mathbb{R} \to \mathbb{R}$.

$$f\left(\rho;\ \mu, \sigma^2\right)(x) = \begin{cases} \frac{1}{\sqrt{2\pi\sigma^2(1-\rho(x-\mu))}} exp^{\frac{(x-\mu)^2}{\sqrt{2\pi\sigma^2(1-\rho(x-\mu))}}}, & x < \frac{1}{\rho} + \mu \\ 0, & x \geq \frac{1}{\rho} + \mu \end{cases}$$

In dem Fall $\rho = 0$ stimmt $f(\rho;\ \mu, \sigma^2)$ mit der Normalverteilung mit den Parametern μ und σ^2 überein. (Wir fassen zur Konstanz 1/0 als ∞ auf.)

Wir beschränken uns bei der Analyse der Funktion zunächst auf den Fall $\mu = 0$ und $\sigma^2 = 1$ und setzen $f(\rho) = f(\rho;\ 0, 1)$.

Theorem 1 *bei der Die Familie* $\{f\rho : \rho \in \mathbb{R}\}$ *ist eine Familie von Dichten von Wahrscheinlichkeitsverteilungen auf* $\mathbb{R}$.

i) *Für* $\rho = 0$ *handelt es sich bei der Verteilung um die Standardnormalverteilung*
ii) *Für* $\rho > 0$ *ist die Verteilung gegeben durch*

$$F_\rho^+(x) = \begin{cases} \Phi\left(\frac{x}{\sqrt{1-\rho x}}\right) + e^{\frac{2}{\rho^2}}\Phi\left(\frac{x}{\sqrt{1-\rho x}} - \frac{2}{\rho\sqrt{1-\rho x}}\right), & \Big| x < \frac{1}{\rho} \\ 1, & \Big| x \geq \frac{1}{\rho}\mu \end{cases}$$

iii) *Für* $\rho < 0$ *ist die Verteilung gegeben durch*

$$F_\rho^-(x) = \begin{cases} 0, & \Big| x \geq \frac{1}{\rho} \\ \Phi\left(\frac{x}{\sqrt{1-\rho x}}\right) + e^{2/\rho^2}\Phi\left(\frac{x}{\sqrt{1-\rho x}} - \frac{2}{\rho\sqrt{1-\rho x}}\right), & \Big| x > \frac{1}{\rho}\rho \end{cases}$$

Beweis: Für jedes $\rho \in$ R ist $f(\rho)$nicht negativ. Für $\rho > 0$ ist $f(\rho)$ auf dem Intervall $(-\infty, 1/\rho)$ definiert. Für $\rho < 0$ ist $f(\rho)$ auf dem Intervall $(1/\rho,\ +\infty)$ definiert. Für $\rho = 0$ handelt es sich bei der Funktion $f(\rho)$ um die Dichte der Standardnormalverteilung.

Wir zeigen nun, dass $f(\rho)$ für jedes $\rho \in$ R die Dichte einer Wahrscheinlichkeitsverteilung auf R ist. Wir bezeichnen im Folgenden mit φ und Φ die Dichte beziehungsweise die Verteilungsfunktion der Standardnormalverteilung. Damit ist *(i)* klar.

Für (ii) und (iii) ist nun zu zeigen, dass $f(\rho)$ jeweils die Ableitung F_ρ^+ und von F_ρ^- ist und dass beide letztere Funktionen Verteilungsfunktionen sind. Offensichtlich sind die Funktionen stetig und monoton wachsend auf $\mathbb{R}\backslash\{1/\rho\}$.

ii) *Betrachten wir zunächst den Fall* $\rho > 0$. *Es gilt*

$$\begin{aligned} \lim_{x\nearrow\frac{1}{\rho}} F_\rho^+(x) &= \lim_{x\nearrow\frac{1}{\rho}} \left(\Phi\left(\frac{x}{\sqrt{1-\rho x}}\right) + e^{\frac{2}{\rho^2}}\Phi\left(\frac{x}{\sqrt{1-\rho x}} - \frac{2}{\rho\sqrt{1-\rho x}}\right)\right) \\ &= \Phi(\infty) + e^{\frac{2}{\rho^2}}\Phi(-\infty) = 1 + 0 \end{aligned}$$

Also ist F_ρ^+ stetig in $1/\rho$ und damit auf ganz $\mathbb{R}$. Ferner gilt $\lim_{x\nearrow-\infty} F_\rho^+(x) = 0$.

Durch Ableiten nach x überzeugt man sich leichtdavon, dass F_ρ^+ die Verteilungsfunktion einer Wahrscheinlichkeitsverteilung ist, deren Dichte durch $f(\rho)$ gegeben ist. Es gilt nämlich

$$\begin{aligned}\frac{d}{dx}F_\rho^+(x) = &\left(\left(\frac{\rho x}{2(1-\rho x)^{\frac{3}{2}}}\right) + \left(\frac{1}{(1-\rho x)^{\frac{1}{2}}}\right)\varphi\left(\frac{x}{\sqrt{1-\rho x}}\right)\right)\\ &- e^{\frac{2}{r^2}}\left(\frac{\rho x}{2(1-\rho x)^{\frac{3}{2}}}\right)\varphi\left(\frac{x}{\sqrt{1-\rho x}} - \frac{2}{\rho\sqrt{1-\rho x}}\right)\\ =& f\rho(x) + \frac{\rho x}{2(1-\rho x)^{\frac{3}{2}}}\left(\varphi\left(\frac{x}{\sqrt{1-\rho x}}\right) - e^{\frac{2}{\rho^2}}\varphi\left(\frac{x}{\sqrt{1-\rho x}} - \frac{2}{\rho\sqrt{1-\rho x}}\right)\right)\\ =& f\rho(x)\end{aligned}$$

Hier haben wir benutzt, dass $f\rho(x) = (1/\sqrt{1-\rho x})\,\varphi(x/\sqrt{1-\rho x})$ ist. Die letzte Gleichung im Display folgt wegen

$$\begin{aligned}&\varphi\left(\frac{x}{\sqrt{1-\rho x}}\right)\\ &= -e^{\frac{2}{\rho^2}}\varphi\left(\frac{x}{\sqrt{1-\rho x}} - \frac{2}{\rho\sqrt{1-\rho x}}\right)\\ &= \frac{1}{\sqrt{2\pi}}\left(exp\left(-\frac{x^2}{2(1-\rho x)}\right) - \exp\left(\frac{2}{\rho^2} - \frac{1}{2}\left(\frac{x^2}{(1-\rho x)} - \frac{4x}{\rho(1-\rho x)} + \frac{4}{\rho^2(1-\rho x)}\right)\right)\right)\\ &= \frac{1}{\sqrt{2\pi}}\left(exp\left(-\frac{x^2}{2(1-\rho x)}\right)\left(1 - exp\left(\frac{2}{\rho^2} + \frac{2x}{\rho(1-\rho x)} - \frac{2}{\rho^2(1-\rho x)}\right)\right)\right)\\ &= \frac{1}{\sqrt{2\pi}}\left(exp\left(-\frac{x^2}{2(1-\rho x)}\right)\left(1 - e^0\right)\right) = 0\end{aligned}$$

iii) Betrachten wir nun den Fall $\rho < 0$. Es gilt

$$\begin{aligned}\lim_{x\searrow\frac{1}{\rho}} F_\rho^-(x) &= \lim_{x\searrow\frac{1}{\rho}}\left(\Phi\left(\frac{x}{\sqrt{1-\rho x}}\right) + e^{\frac{2}{\rho^2}}\Phi\left(\frac{x}{\sqrt{1-\rho x}} - \frac{2}{\rho\sqrt{1-\rho x}}\right)\right)\\ &= \Phi(-\infty) + e^{\frac{2}{\rho^2}}\Phi(-\infty) = 0\end{aligned}$$

Also ist F_ρ^- stetig in $1/\rho$ und damit auf ganz R. Dass $f(\rho)$ die Ableitung von F_ρ^-, ist zeigt man analog zu dem Fall $\rho > 0$.

Lemma 1.1 *Für jede Nullfolge* (ρ_n) *gilt*

$$e^{1/(\rho_n^2)}\Phi\left(-1/|\rho_n|^{\frac{3}{2}}\right) \overset{n\to\infty}{\to} 0.$$

Beweis: Wir verwenden die folgende Abschätzung

$$1 - \Phi(x)0. \frac{\phi(x)}{x} \, f\ddot{u}r\ alle\ x > 0$$

Damit erhalten wir

$$e^{1/(\rho_n^2)}\Phi\left(-1/|\rho_n|^{\frac{3}{2}}\right) = e^{1/(\rho_n^2)}\left(1 - \Phi\left(1/|\rho_n|^{\frac{3}{2}}\right)\right)$$
$$\leq |\rho_n|^{\frac{3}{2}} \frac{1}{\sqrt{2\pi}}\left(exp\left(1/(\rho_n^2) - \frac{1}{2|\rho_n|}\right)\right) \overset{n\to\infty}{\to} 0.$$

Lemma 1.2 *Für* $\rho \to 0$ *konvergieren* F_ρ^+ und F_ρ^- *schwach gegen* Φ. *Mit anderen Worten gilt*

$$\lim_{x\searrow 0} F_\rho^+(x) = \lim_{x\nearrow 0} F_\rho^-(x) = \Phi(x)\, f\ddot{u}r\ alle\ x \in \mathbb{R}$$

Beweis: Sei $x \in$ R und sei (ρ_n) eine Folge mit $(\rho_n) > 0$ für alle n und $(\rho_n) \to 0$ für $n \to \infty$. Für genügend große n ist dann $x < 1/(\rho_n)$ und es gilt

$$F_{\rho n}^+(x) = \Phi\left(\frac{x}{\sqrt{1-\rho_n x}}\right) + e^{\frac{2}{\rho^2}}\Phi\left(\frac{x}{\sqrt{1-\rho_n x}} - \frac{2}{\rho_n\sqrt{1-\rho_n x}}\right)$$

Der erste Summand konvergiert für für $n \to \infty$ gegen *Φ(x)*. Der zweite Summand verschwindet nach Lemma 1.2.

Analog sieht man, dass für jedes $x \in$ R und jedes Nullfolge (ρ_n) mit $\rho_n < 0$ für alle n die Folge $F_\rho^-(x)$ gegen $\Phi(x)$ konvergiert.

4.2 Aproximierung der Eqb an eine Häufigkeitsverteilung

Warscheinlichkeitsdichteverteilungen sollen mit Häufigekeitsverteilungen, die aus Stichproben der realen Welt enstammen, verglichen werden. Aus diesem Zusammenhang soll auf das Gesamtverhalten des untersuchten Prozesses, der Grundgesamtheit, geschlossen werden. Dazu werden dem Erwartungswert der Funktion der arithmetische Mittelwert und der Standardabweichung die Streuung der Häufigkeitsverteilung gegenübergestellt.

Daraus entsteht der in Abb. 4.3 dargestellte Graph. Er stellt das Idealbild einer aus der Eqb resultierenden modellierten Dichteverteilung einer Stichprobenverteilung gegenüber.

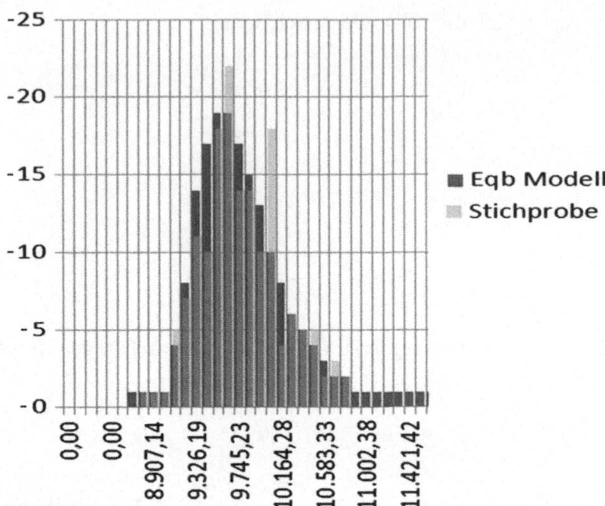

Abb. 4.3 Eqb Modell blau; und Stichprobe rot. (Urheberrecht beim Autor)

Daraus folgt, dass die Annahmen, die für eine Normalverteilung gelten, an Gültigkeit verlieren, wenn die Neigung der Streuung ungleich Null ist, $r \neq 0$. In entsprechender Weise verschieben sich die Grenzwerte an den „Schwänzen" der Verteilungen („heavy Tail") (s. Abb. 4.4 u. 4.5).

Daraus resultiert, dass auch die Parameterschätzungen für

- Mittelwertschätzung:

$$\hat{\mu}^2 = \bar{x} = \frac{1}{n}\sum_{i=1}^{n}(x_i)$$

Formel: 4.1

- und Schätzung der Streuung:

$$\hat{\sigma}^2 = s_n^2 = \frac{1}{n-1}\sum_{i=1}^{n}(x_i - \bar{x})$$

Formel: 4.2

als auch die geschätzte Schiefe der Stichprobenwerte gemäß:

$$\hat{v} = \frac{1}{n}\sum_{i=0}^{n}((x_i - \bar{x})/s)^3$$

Formel: 4.3

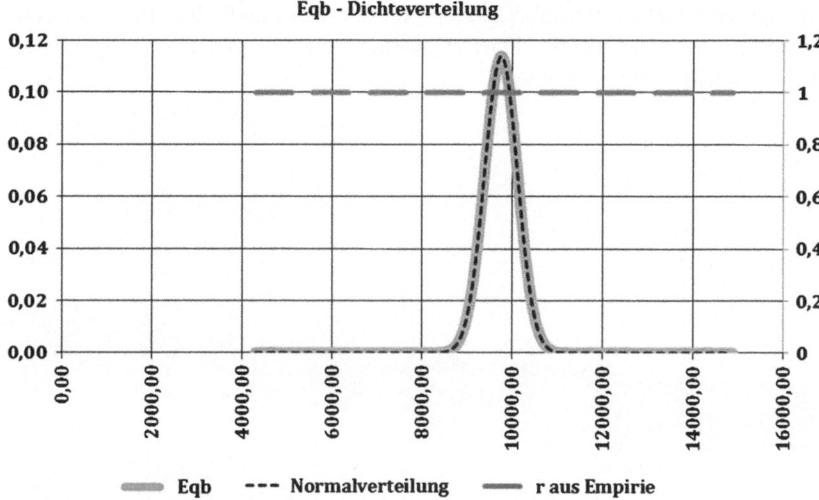

Abb. 4.4 Eqb blau r = 0, grün → Normalverteilung schwarz, Eqb r ≠ 0 → „heavy Tail". (Urheberrecht beim Autor)

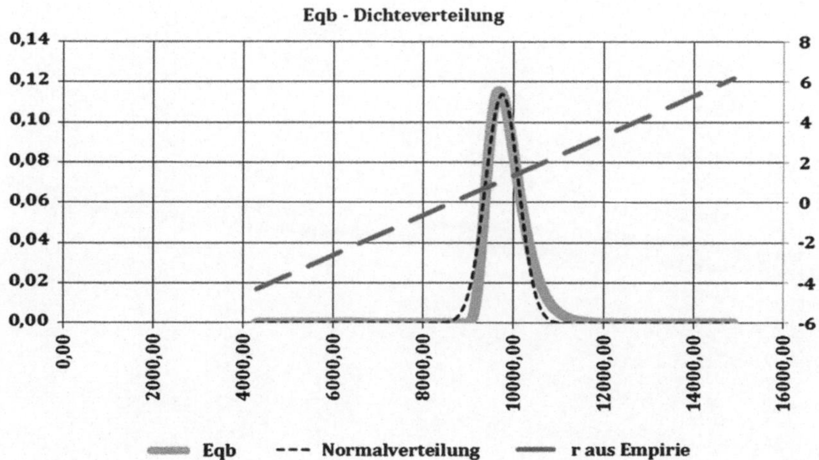

Abb. 4.5 Eqb blau r = 0, grün → Normalverteilung schwarz, Eqb r ≠ 0 → „heavy Tail". (Urheberrecht beim Autor)

Die Werte der Schiefe der modellierten Eqb und die Schiefe der Stichprobe sollten dabei – da es sich um ein Näherungsverfahren handelt – um geringe Differenzen – Unschärfe – unterscheiden.

Zufallsstreubereiche der NV und der Eqb

5

Die Unterschiede zwischen den Wahrscheinlichkeitsdichteverteilungen NV und Eqb und deren Zufallsstreubereiche sind erheblich. Das resultiert aus der Anwendung des dritten Parameters r bzw. ρ. Der Wertebereich der Standardnormalverteilung (s. Abb. 5.1) befindet sich, bezüglich eines Erwartungswertes μ, in offenen Intervallen jeweils im negativen als auch im positiven Bereich. Das Integral darüber ist 1. Die jeweiligen Dichteabschnitte werden durch ein Mehrfaches von σ definiert. Dabei ist σ aus der 2. Ableitung (Schnittpunkt mi der x -Achse) der NV-Funktion hergeleitet. Der Bereich zwischen +/– 3 σ ergibt eine Wahrscheinlichkeitsdichte von 99,73 %.

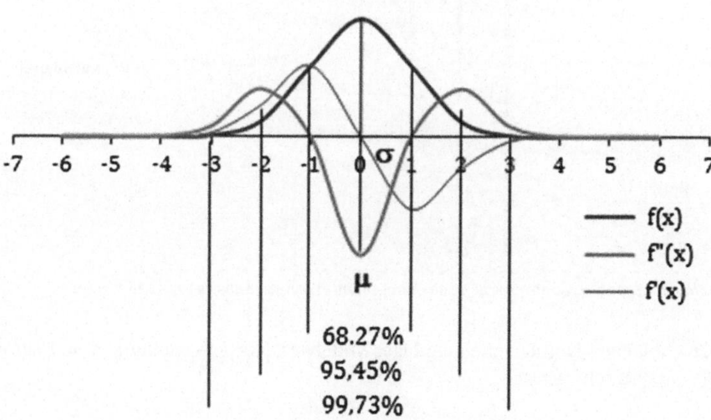

Abb. 5.1 Normalverteilung blau, 1. Ableitung violett, 2. Ableitung hellblau

M. Hellwig, *Der dritte Parameter und die asymmetrische Varianz*,
essentials, DOI 10.1007/978-3-658-18028-7_5

Die Grafik zeigt ein symmetrisches Bild mit den Schnittpunkten der Wendepunkte und der 2. Ableitung der Funktion (s. Abb. 5.2).

Ein dazu differenziertes Bild zeigt die Wahrscheinlichkeitsdichteverteilung der Eqb.

Die 2. Ableitung der Funktion (s. Abb. 5.3) legt die Schnittpunkte mit der x – Achse und damit die unterschiedlichen σ-Lagen bezüglich eines Erwartungswertes fest.

Damit sind auch die Zufallsstreubereiche der Eqb unterschiedlich zu denen der NV (s. Abb. 5.4).

Offensichtlich stehen sie in enger Beziehung zu der beschriebenen Neigung der Steuung r bzw ρ mit Auswirkungen auf die „tails“, den Enden der Zufallsstreubereiche.

Bekannter Weise sind die Grenzwerte, die eine Wahrscheinlichkeitsdichte von 99,73 % umfassen mit einer Spannweite (engl. Range) von 6 σ definiert (s. Abb. 5.5). Darauf basiert die umfangreiche Theorie und Praxis des Qualitätsmanagements als

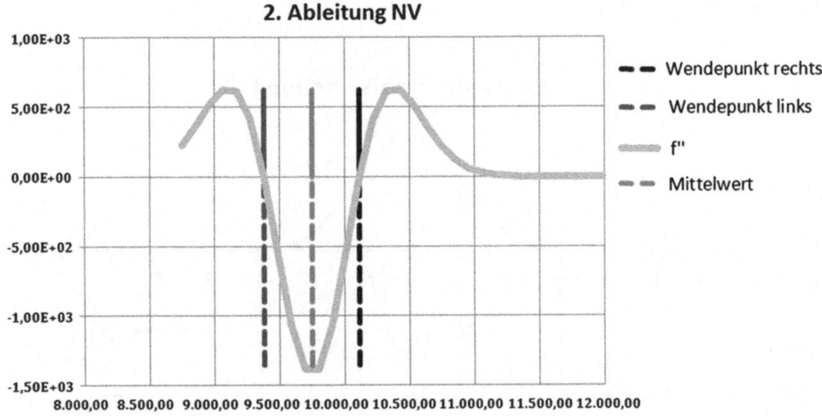

Abb. 5.2 Ableitung Normalverteilung blau, Mittelwert Normalverteilung grün, Lage σ links rot, Lage σ rechts schwarz

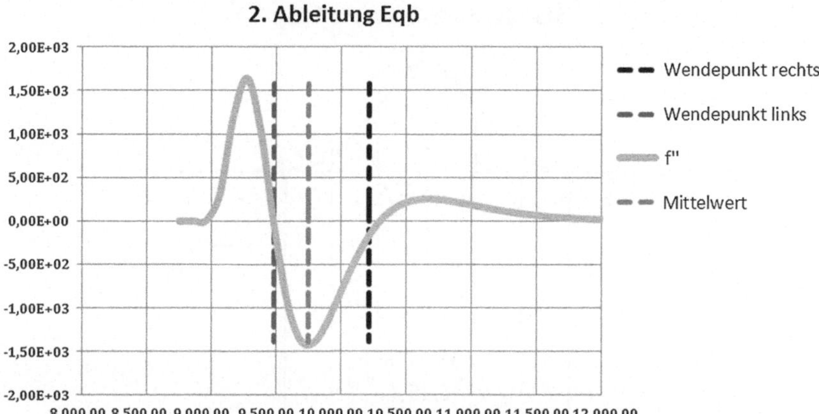

Abb. 5.3 Ableitung Eqb blau, Mittelwert Normalverteilung grün, Lage σ links rot, Lage σ rechts schwarz

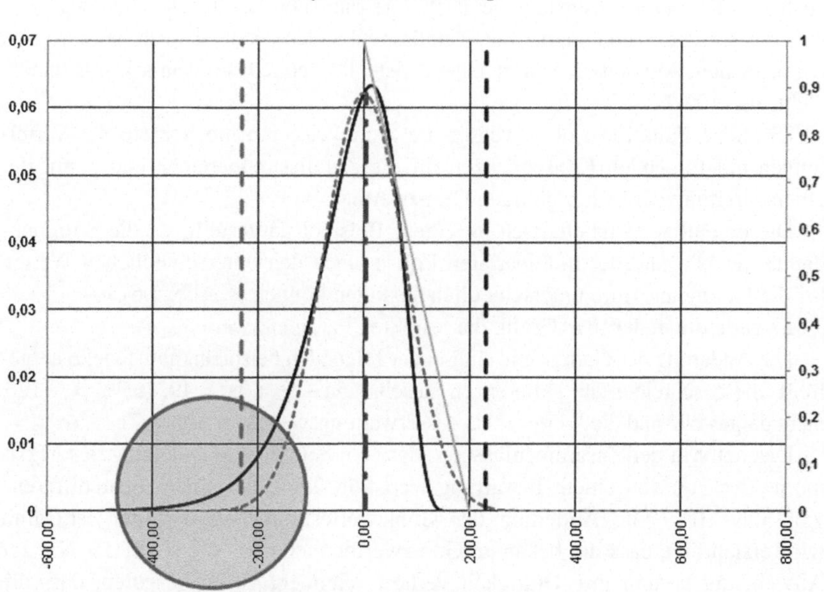

Abb. 5.4 Mittelwert Normalverteilung grün, Lage 3 σ links rot, Lage 3 σ rechts schwarz, Neigung ρ hellblau, unterschiedliche „tail" Kreis

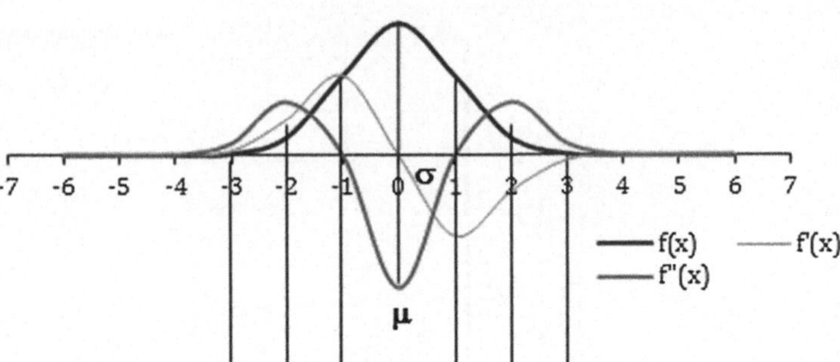

Abb. 5.5 Schaubild der Standardnormalverteilung

auch des Projektmanagements. Je nach Intensität der Qualtitätsbetrachtung werden die Grenzen, und damit die Zufallsstreubereiche jedoch auch jenseits von 6 σ betrachtet. Mit jedem Schritt nähert sich die betrachtete Wahrscheinlichkeitsdichte den 100 %.

Die neue Funktion Eqb erweitert die Sichtweise um die Schiefe der Verteilungen mit folgenden Konsequenzen für die Zufallsstreubereiche und damit der Überschreitung der bisher gültigen Grenzwerte.

Dieser Fall wird tabellarisch an einem Beispiel dargestellt, da die Summendichte der NV und der multivariaten Eqb je nach den unterschiedlichen Werten für die Parameter μ,σ,ρ unterschiedlich ausfallen können (s. Abb. 5.6).

Es gelte die in der u. a. Grafik dargestellten Parameterwerte:

Die Änderung der Grenzwerte sind in der folgenden beispielhaften Tabelle aufgeführt. Sie beschreiben die Differenzen jenseits von $-\, 1/2 * 3s = 49,865\,\% > -125$, nicht dargestellt sind die Werte rechts des Erwartungswertes (s. Abb. 5.7).

Das heißt in der Zusammenfassung, dass bei bei einer Abweichung des Maximums der Eqb von einem Erwartungswert von 0,5 % bei einer Dichtedifferenz von $5{,}59{*}10^{-5}$ eine Änderung der Grenzwertesumme zu beachten ist.Damit wird ersichtlich, dass die bekannte Grenzwertbetrachtung, wie sie in der NV zur Anwendung kommt ihre Gültigkeit verliert. Vielmehr ist zu beachten, dass die Asymmetrie der Eqb auch die Ermittlung einer Varianz/Standardabweichung

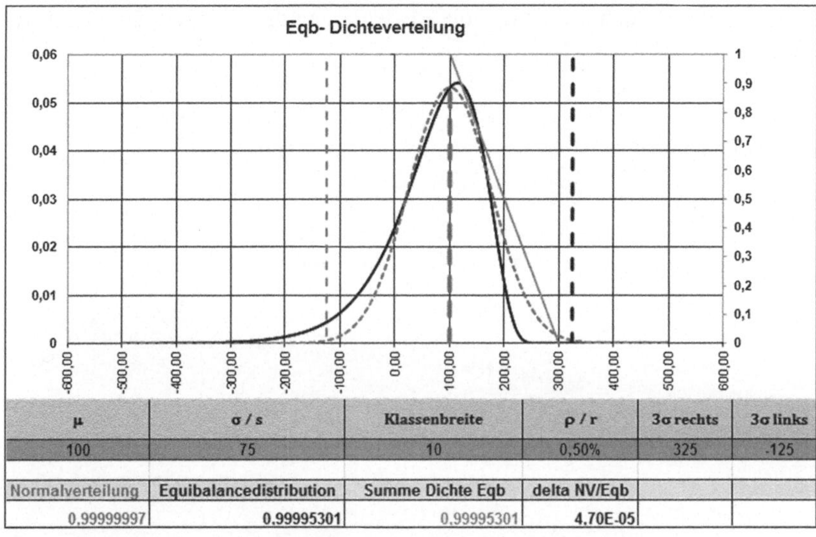

μ	σ / s	Klassenbreite	ρ / r	3σ rechts	3σ links
100	75	10	0,50%	325	-125
Normalverteilung	Equibalancedistribution	Summe Dichte Eqb	delta NV/Eqb		
0,99999997	0,99995301	0,99995301	4,70E-05		

Abb. 5.6 Mittelwert Normalverteilung grün, Lage 3 σ links rot, Lage 3 σ rechts schwarz, Neigung ρ hellblau, Parameterwerte

Abb. 5.7 Beispiel Summenbildungen der Dichte, Mehrung links bezüglich NV

Summe links v. μ	Summe rechts v. μ
> - 3σ	<= 3σ
51,27%	48,73%
Mehrung links	
2,79%	

nötig macht, die links und rechts unterscheidbar ist und den Zufallsstreubereich damit wie beschrieben verändert.

5.1 Ergänzung ρ um Steilheitsfaktor k, der 4. Parameter

Die gegebene Funktion, bzw. der Faktor ρ kann ergänzt werden um den Steilheits-Faktor

$$k, \quad \text{(Kurtosis)} \tag{5.1}$$

der notwendig werden kann wenn die Modellierung der Dichte exakt an 1 erfolgen muss.

$$r: = \sqrt{k}(1 - (\rho\%(x - \mu))) \tag{5.2}$$

Daraus erfolgt dann:

$$Eqb_{(x;\mu,\sigma,\rho,\mathrm{k})} = \frac{1}{\sqrt{2\pi s^2 \sqrt{k}(1 - \rho(x - \mu))}} e^{-\left(\frac{(x-\mu)^2}{2\sigma^2(1-\rho(x-\mu))}\right)^{1/k}} \tag{5.3}$$

Eigenschaften der Eqb 6

Die Equibalanceverteilung ist ein Typ stetiger Wahrscheinlichkeitsverteilungen.

Ist die Varianz symmetrisch, schließt sie die Normalverteilung ein. Die Schiefe der Verteilung wird durch den 3. Parameter ρ gegeben.

Eine stetige Zufallsvariable X mit der Wahrscheinlichkeitsdichte $f\colon \mathbb{R} \to \mathbb{R}$ (s. Abb. 6.1).

Die Symmetrie der NV bedingt zwangsweise eine symmetrische Ausprägung. Der Parameter m erzeugt die Lage der Verteilung, des Erwartungswertes.

6.1 Ähnlichkeiten mit anderen Verteilungsformen

Da mit dem 3. Parameter extreme Links- und Rechtsschiefen modelliert werden können, liegt der Gedankengang nahe, dass die neuen Terme zu anderen Dichteverteilungsformen (Levi-, Gumbel-, Frechetverteilung) Ähnlichkeiten aufweisen (s. Abb. 6.2).

6.2 Unterschiede der Stichprobenbeurteilung

Besagt der zentrale Grenzwertsatz, dass eine Summe von unabhängigen, identisch verteilten Zufallsvariablen für immer größeres n sich der Summe der Dichte der NV nähert, so gilt dieses auch für Stichproben einer Anzahl von Zufallsvariablen x.

Die unterschiedlichen Ergebnisse aus einer Anzahl k von Stichproben mit einer Anzahl n von Elementen x_i zeigen die nachfolgenden Beispiele. Beide

M. Hellwig, *Der dritte Parameter und die asymmetrische Varianz*,
essentials, DOI 10.1007/978-3-658-18028-7_6

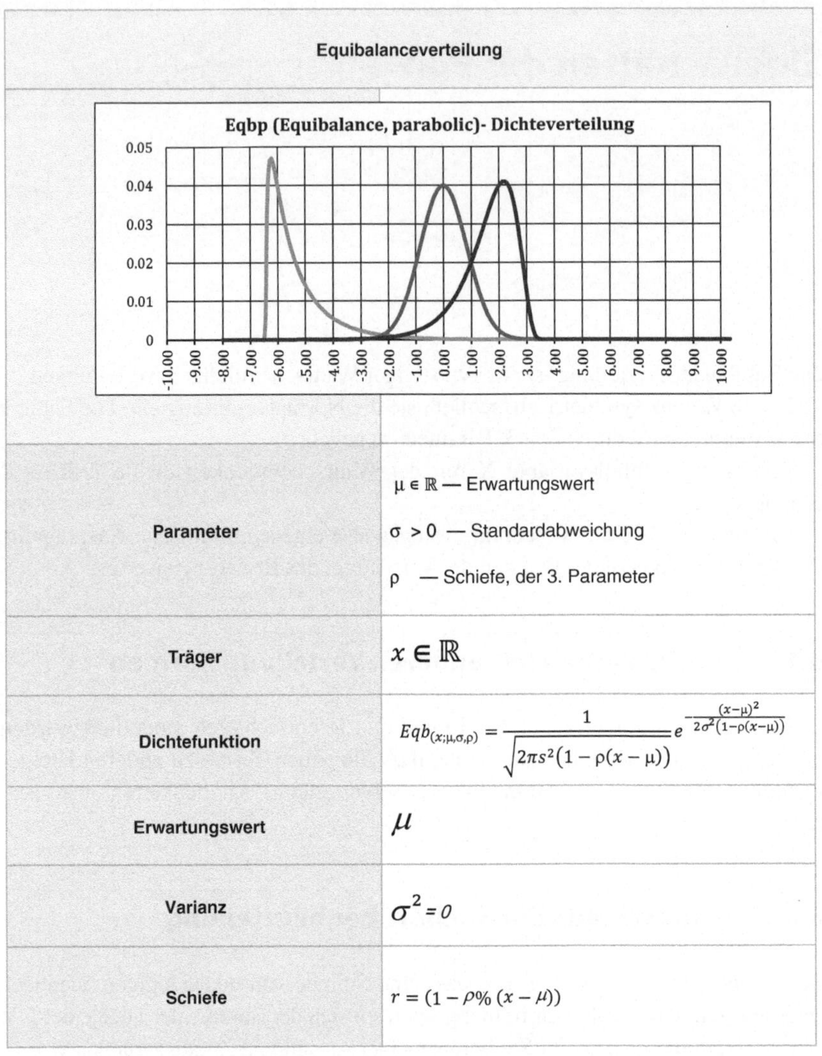

Equibalanceverteilung	
Parameter	μ ∈ ℝ — Erwartungswert σ > 0 — Standardabweichung ρ — Schiefe, der 3. Parameter
Träger	$x \in \mathbb{R}$
Dichtefunktion	$Eqb_{(x;\mu,\sigma,\rho)} = \frac{1}{\sqrt{2\pi s^2(1-\rho(x-\mu))}} e^{-\frac{(x-\mu)^2}{2\sigma^2(1-\rho(x-\mu))}}$
Erwartungswert	μ
Varianz	$\sigma^2 = 0$
Schiefe	$r = (1 - \rho\% \, (x - \mu))$

Abb. 6.1 Eigenschaften der Eqb

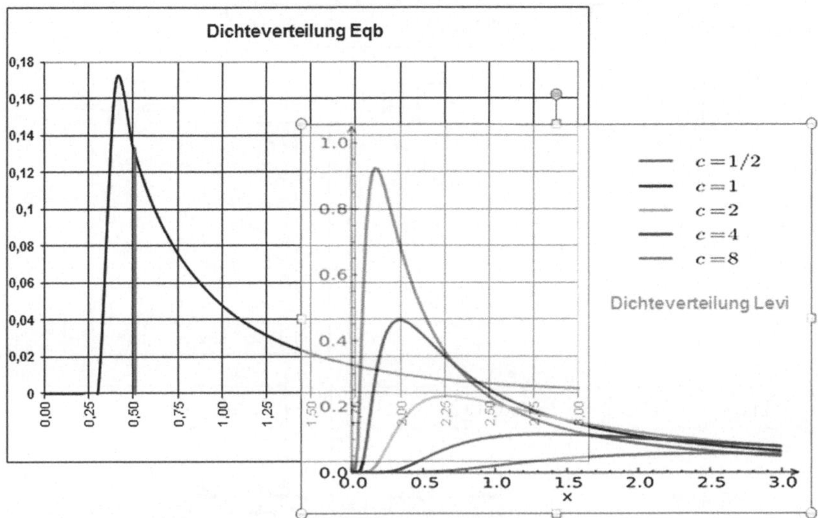

Abb. 6.2 Dichteverteilung Eqb, Dichteverteilungen Levi

Zeilen beschränken sich auf eine Anzahl der Stichprobengröße von k = 1−19, bei gleicher Anzahl von n der Größe $\sum_{i=1}^{n}(x_i)$ (s. Abb. 6.3).

Aus der Beurteilung der Zeile 1 wird geschlossen, dass die Grundgesamtheit bei allen k einer symmetrischen Dichte der der NV folgt. Im Gegensatz dazu basiert der Schluss auf die Grundgesamtheiten bei der in Zeile 2 dargestellten Stichprobenentnahmefolge auf unterschiedliche Dichterverteilungen - je nach Neigung der Varianz. Sie aber lässt auch die Symmetrie der NV zu.

Daraus wird geschlossen, dass bei geeigneter Koordination der Stichprobenentnahmen ein detaillierterer Schluss auf zukünftiges Verhalten von Prozessen gezogenen werden kann, als dass es die Beurteilung mit der NV zulässt.

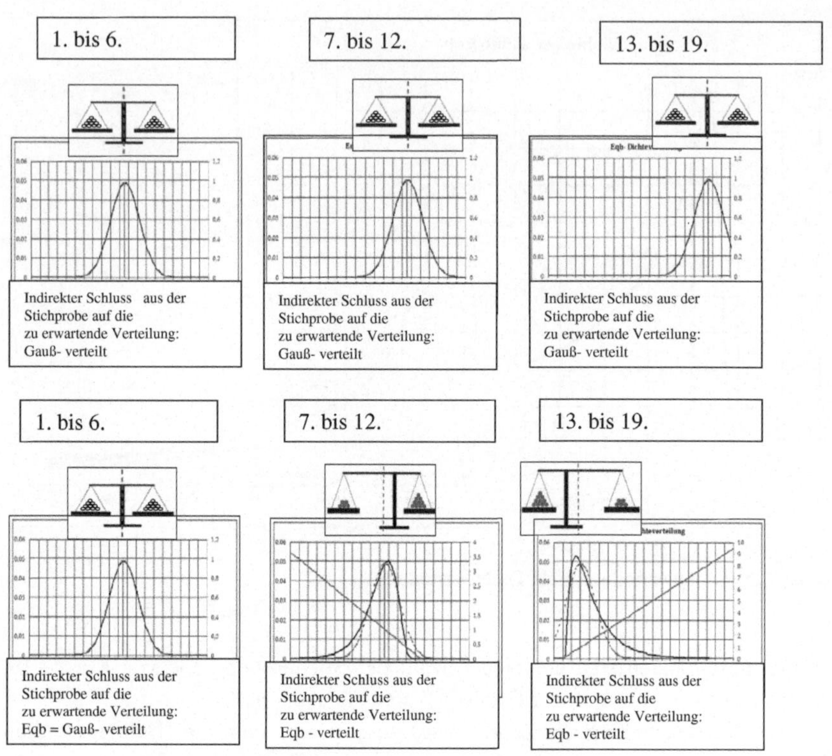

Abb. 6.3 Beispiele Unterschiede in der Stichprobenbeurteilung

Zitate aus der Praxis – Anwendungen Eqb

7

Der professionellen Anwendung der Eqb in anderen Fachgebieten stehen Möglichkeiten offen, die durch einige Zitate unterstützt werden:

7.1 Zitat 2, aus der Chemiebranche

Generell gibt es in der Chemie Phänomene, die sich durch eine schiefe Kurve besser darstellen ließen als durch eine Gauß-Kurve. Solchen schiefen Verteilungen begegnet man regelmäßig bei der Analytik, z. B. HPLC Chromatographie, wo Stoffe in einer Trennsäule durch Wechselwirkung mit den Trennphasen verschieden stark retardiert werden und dann als Peak am Ende gemessen werden. Ziel ist hier immer möglichst ideal symmetrische Peaks zu erreichen, aber nicht immer sind die Bedingungen optimal, so dass es zu einem "Fronting" oder "Tailing" kommt, d. h. langsamerer Anstieg oder langer Auslauf. Diese Kurven müssen aber nicht als Funktion berechnet werden, sie müssen nur integriert werden und die Integrationsgrenzen werden nicht symmetrisch gesetzt, sondern mehr oder weniger nach Augenmaß, die Schiefe wird hier also schon mit einbezogen.

7.2 Zitat 3, aus der Physik/Elektronik

Sie können sicher Verteilungen damit modellieren, d. h. in Parameter zusammenfassen. Das könnten sowohl veränderliche (nicht-stationäre) Einzelverteilungen sein, als auch unveränderliche (stationäre) Gesamtverteilungen sein, die Ihr System über einen längeren Zeitraum in vielen unterschiedlichsten Situationen beschreiben.

M. Hellwig, *Der dritte Parameter und die asymmetrische Varianz*,
essentials, DOI 10.1007/978-3-658-18028-7_7

7.3 Zitat 5 aus der Physik/Mathematik

„Interessant für den Ausblick wäre auch der Anwendungsbezug z. B.:

- die Messung und Auswertung von Signalen mittels Lock-In-Verstärker (Phasensensitive Signalauswertung)
- Reihenentwicklung (z. B. Fourier-Transformation für nicht periodische Funktionen) des analytischen Terms für numerische Auswertungen.“

8 Anwendung zum Taguchi – Qualitätsverständnis

Das von Taguchi entwickelte Verständnis zur Prozessqualität und der damit verbundenen Betrachtung des Verlustes durch schlechte Produktqualität, und dem damit verbundenen Verlust an Vertrauen der Gesellschaft an das Produkt, schlägt sich nieder in der von ihm entwickelten Verlustfunktion

$$L_{(y)} = K(y - T)^2$$

Es steht L, Loss (engl für Verlust) den Qualitätsverlust, K für den Schaden in Geldmitteln gemessen, y für den gemessenen Wert, T (Target, Ziel) für den Sollwert der Qualität, der im Idealfall mit dem Erwartungswert einer normalverteilten Stichprobe zusammenfällt. Es wird davon ausgegangen, je geringer die Streuweite σ^2 bzw. s um einen Mittelwert μ bzw. $\bar{x}$, desto geringer die Kosten, die der Verlust verursacht.

Die Überlagerung der Verlustfunktion mit der Gauss'schen Normalverteilungsdichtefunktion zeigt, dass je geringer die Varianz σ^2 bzw. s um den Erwartungswert μ bzw. $\bar{x}$ ist, desto geringer ist der Verlust aus L (s. Abb. 8.1a u. b).

Dem gegenüber steht nun die Überlagerung der Verlustfunktion mit der Equibalancedichtefunktion (s. Abb. 8.2), die durch den Parameter ρ bzw. r beeinflusst wird.

Empfehlenswert ist daher die Anpassung der Taguchi Verlustfunktion in der Art, dass sich folgendes Bild einer kombinierten Dichteverteilung darstellt (s. Abb. 8.3).

Die folgende Grafik zeigt die Anwendung der an der Neigung Varianz/Streuung angepassten Taguchi Verlustfunktion in Verbindung mit der Eqb und einer realen Häufigkeitsverteilung (s. Abb. 8.4) aus der UMTS – Kommunikation (Antwortzeiten).

M. Hellwig, *Der dritte Parameter und die asymmetrische Varianz*,
essentials, DOI 10.1007/978-3-658-18028-7_8

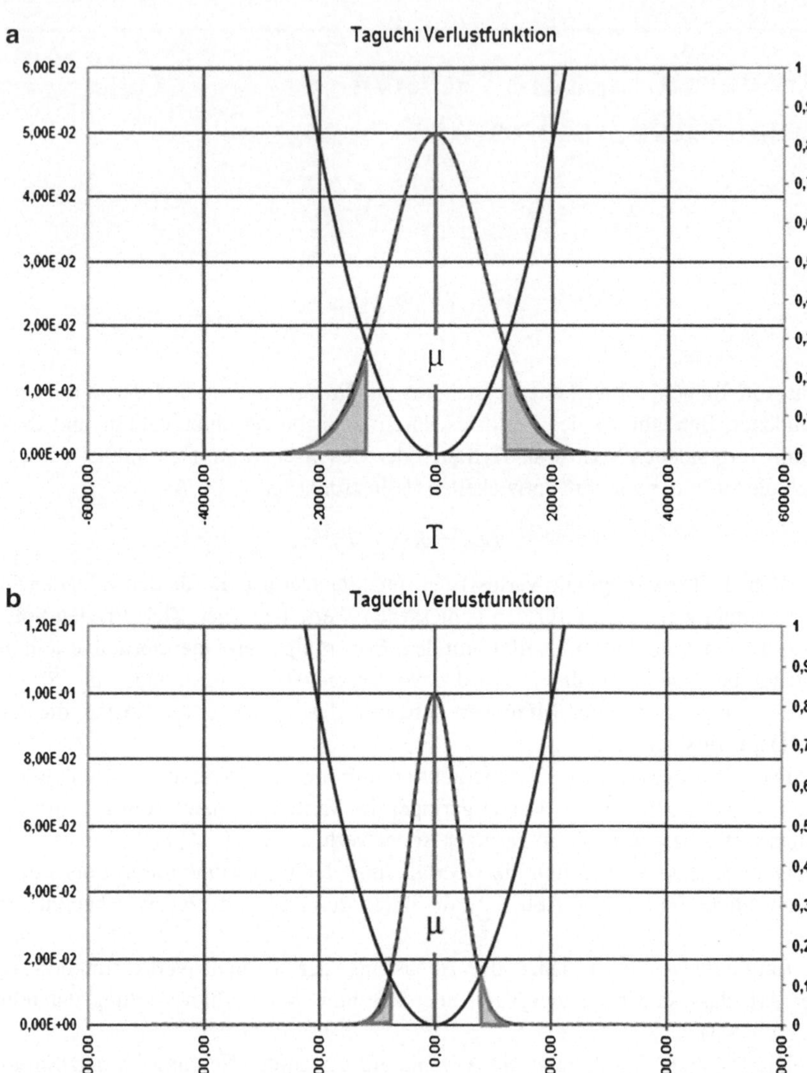

Abb. 8.1 Taguchi Verlustfunktion und Normalverteilung, Unterschiedliche Varianzen bei gleicher Verlustfunktion (**a**) u. (**b**)

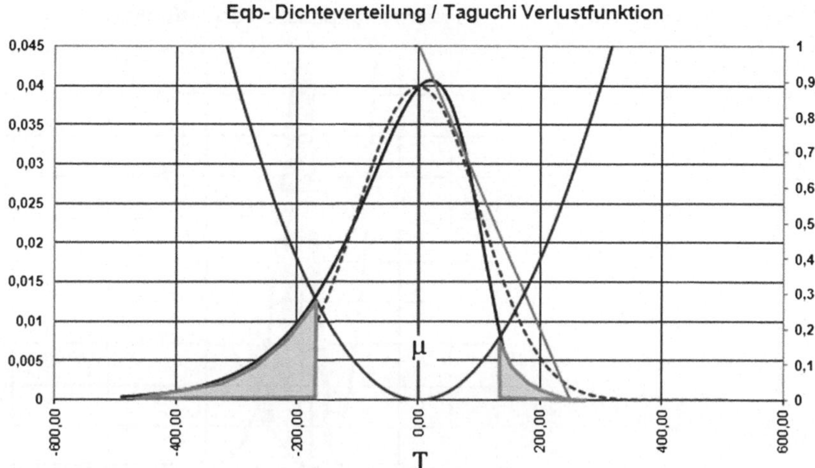

Abb. 8.2 Taguchi Verlustfunktion und Equibalancedistribution

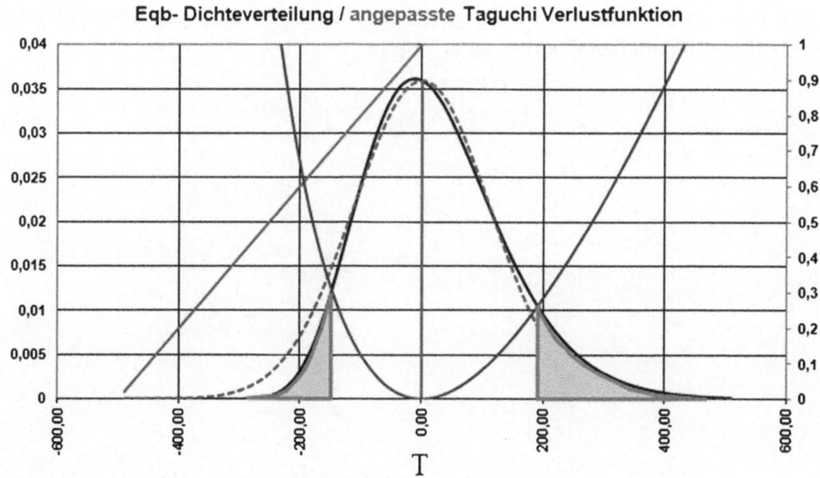

Abb. 8.3 Taguchi Verlustfunktion und angepasste Equibalancedistribution

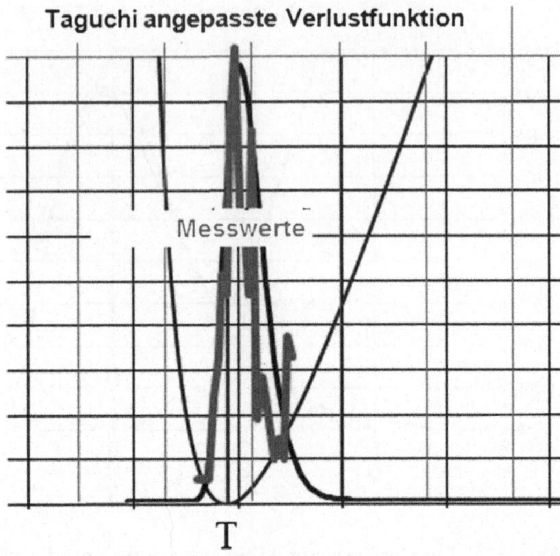

Abb. 8.4 Taguchi Verlustfunktion und angepasste Equibalancedistribution und Messwerte aus UMTS-Häufigkeitsverteilung

Entsprechend sind die Randbedingungen der Eqb gemäß den Ausführungen unter Kap. 20, Analysis der Funktion, zu berücksichtigen und gegebenenfalls die Verlustfunktion um den Faktor ρ zu erweitern.

$$L_{(y)} = \left(K(y - T)^2\right)/\rho \tag{8.1}$$

Einfluss auf Six Sigma 9

Six Sixma ist das Synonym und der übergeordnete Begriff für das Qualitätsmanagement, aber auch damit eine direkte verbale und faktische Verbindung zur Gauss'schen Normalverteilung.

Wichtige Bestandteile des aktuellen Qualitätsmanagements, die der Qualitätsbeurteilung und -steuerung dienen sind

- Statistische Prozesskontrolle (SPC),
- Qualitätsregelkarten mit Berechnungen der Eingriffs- bzw. Warngrenzen,
- Stichprobenprüfungen,

die allesamt auf der symmetrischen Normalverteilung beruhen.

Die nachfolgende Grafik entstammt dem Fachbuch „Leit- und Sicherungstechnik mit drahtloser Datenübertragung" und stellt den Verlauf einer Stichprobenentnahme auf einer Urwertkarte dar (s. Abb. 9.1). Die Qualitätsintervalle werden beschrieben durch die Six Sigma Intervalle der Normalverteilung.

$+/-2\,\sigma$ jenseits des Erwartungswertes μ begrenzen Warngrenzen, $+/-3\,\sigma$ jenseits des Erwartungswertes begrenzen die Eingriffsgrenzen bezüglich der Dichteverteilung. Die Beobachtung/Messung der Produktqualität wird in diesen Intervallen intensiviert.

Verständlicherweise werden sich die Verhältnisse unter der Einflussnahme des dritten Parameters ρ ändern. Etwaige verborgene Schieflagen und Asymmetrien haben zukünftig einen berechenbaren Einfluss auf die Qualitätsbedingungen. Möglicherweise äußern sich viele Produktqualitäten vom Grundsatz her in einer schiefen Häufigkeitsverteilung.

Dann sollen auch die Wertungsmittel derart beschaffen sein, dass der Erwartung einer Asymmetrie auch Rechnung getragen wird, etwa wie sie in der folgenden Grafik geneigt dargestellt ist (s. Abb. 9.2).

M. Hellwig, *Der dritte Parameter und die asymmetrische Varianz*,
essentials, DOI 10.1007/978-3-658-18028-7_9

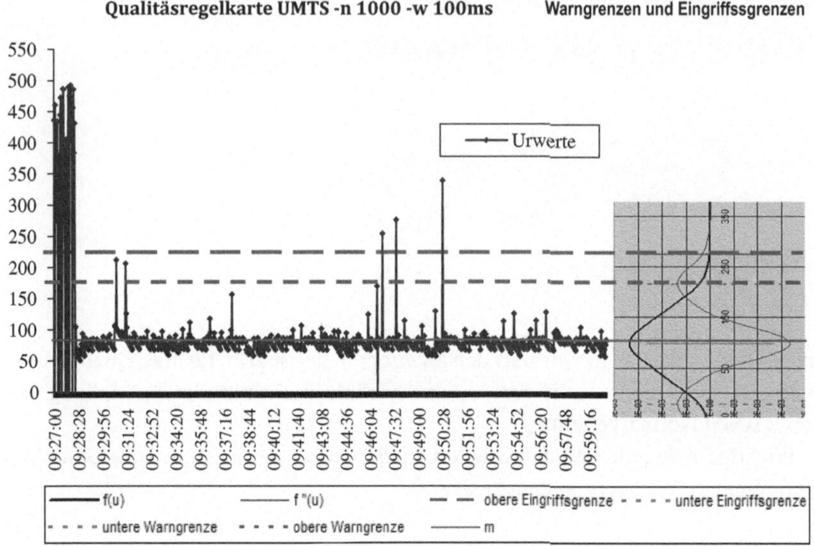

Abb. 9.1 Xquer Qualitätsregelkarte, mit Grenzwerten in Bezug zur Normalverteilung

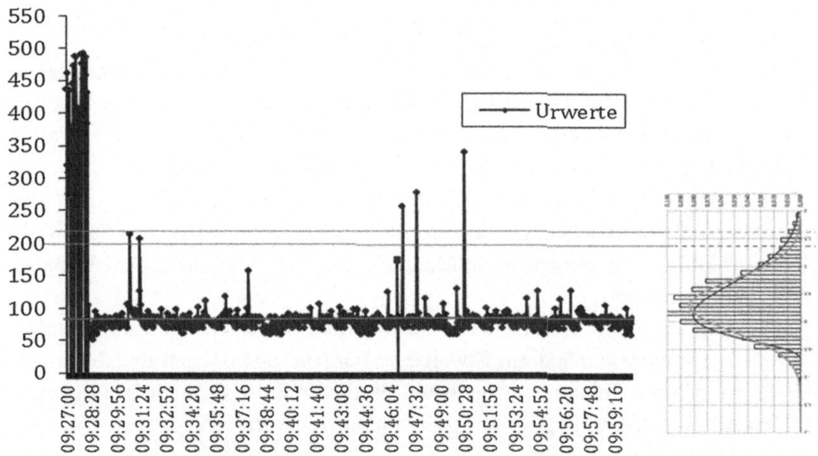

Abb. 9.2 Xquer Qualitätsregelkarte, mit Grenzwerten in Bezug zur Normalverteilung

10 Anhang, mit Wolfram Mathematica erstellt

```
(*Definition der Dichtefunktion*)
f[x_,r_,m_,s_]: =1/Sqrt[2*Pi*s^2(1−r*(x−m))]*Exp[−(x−m)^2/(2*s^2(1−r*(x−m)))]
(* Es ist tatsächlich eine Dichte im Fall r > 0*)
Integrate[f[x,r,m,s],{x, −Infinity, 1/r+m},Assumptions->{r > 0, s > 0}]
1
(* Es ist tatsächlich eine Dichte auch im Fall r<0*)
Integrate [f[x,r,m,s],{x, 1/r+m, Infinity},Assumptions->{r < 0, s > 0}]
1
(* Erwartungswert E[X] im Fall r > 0, m = 0 mit m ungleich 0 kommt einfach +m dazu*)
Integrate[f[x,r,0,s]*x,{x, −Infinity, 1/r},Assumptions->{r > 0, s > 0}]
−r s2
(* Erwartungswert E[X] im Fall r < 0, m = 0 ist aus Symmetriegründen auch −rs^2 *)
Integrate [f[x,r,0,s]*x, {x, 1/r, Infinity}, Assumptions->{r < 0, s > 0}]
(* Erwartungswert E[X^2]. Wird benötigt für die Varianz, denn Var[X] = E[X^2] – (E[X])^2. *)
Integrate [f[x,r,0,s]*x^2,{x, 1/r, Infinity},Assumptions->{r < 0, s > 0}]
(* Erwartungswert E[X^2]. Wird benötigt für die Varianz, denn Var[X] = E[X^2] – (E[X])^2. Fall r > 0, s > 0 konvergiert *)
Integrate [f[x,r,0,s]*x^2,{x, −Infinity, 1/r},Assumptions->{r > 0, s > 0}]
s2 + 3 r2 s4
(* Wieder aus Symmetriegründen gilt auch im ersten Fall und m = 0 E[X^2] = s^2 + 3r^2s^4.
Die Varianz ist dann (diese ist unabhängig von m) gegeben durch Var[X] = E[X^2] – (E[X])^2 = s^2 + 3 r^2 s^4 – (−r s^2)^2 = s^2 + 2 r^2 s^4 *)
```


M. Hellwig, *Der dritte Parameter und die asymmetrische Varianz*,
essentials, DOI 10.1007/978-3-658-18028-7_10

Was Sie aus diesem *essential* mitnehmen können

- Die Erkenntnis, dass kein beobachteter Prozess vollständig symmetrische Eigenschaften aufweist
- Der mathematisch-analytische Nachweis zur Wahrscheinlichkeitsdichte durch den dritten Parameter, die Neigung der Varianz.

M. Hellwig, *Der dritte Parameter und die asymmetrische Varianz*,
essentials, DOI 10.1007/978-3-658-18028-7

Literatur

Julia Prahm, Diplomarbeit 2010, Westfälische Wilhelms-Universität Münster, „Eine Anwendung der Peak over Threshold Methode im Risikomanagement“
Toutenburg, Helge / Gössl, Rüdiger / Kunert, Joachim: Quality Engineering. Eine Einführung in Taguchi-Methoden. – Erstausgabe
Marcus Hellwig, Volker Sypli, Leit- und Sicherungstechnik mit drahtloser Datenübertragung, Sicherheit im drahtlosen Bahnbetrieb · Qualität in der Informationsverarbeitung · Methoden der Qualitätssicherung.
Marcus Hellwig, Equibalancedistribution – asymmetrische Dichteverteilung, Alternative zur Gauss'schen symmetrischen Normalverteilung
V. YU. KOROLEV, ON THE CONVERGENCE OF DISTRIBUTIONS OF RANDOM SUMS OF INDEPENDENT RANDOM VARIABLES TO STABLE LAWS
Samuel Kotz, TomaszJ. Kozubowski, Krzysztof Podgörski The Laplace Distribution and Generalizations

M. Hellwig, *Der dritte Parameter und die asymmetrische Varianz*, essentials, DOI 10.1007/978-3-658-18028-7